Von Naturwissenschaft zu Wirtschaft

Allgemeine und angewandte Pflanzenkunde

Von

Dr. Friedrich Tobler
ord. Professor an der Sächs. Techn. Hochschule
Dresden

Springer-Verlag Berlin Heidelberg GmbH 1926

ISBN 978-3-662-31293-3   ISBN 978-3-662-31497-5 (eBook)
DOI 10.1007/978-3-662-31497-5

Alle Rechte, insbesondere das der Übersetzung
in fremde Sprachen, vorbehalten.

Vorwort.

Diese Schrift soll aus der großen Beziehung zwischen **Naturwissenschaft und Wirtschaft** ein Beispiel geben, das meinem Fach und Arbeitsgebiete entspringt. Ich beschränkte mich, um nur aus eigner Kenntnis zu schöpfen, hierauf, so verlockend die weitere Ausführung auch wäre, hatte aber, wie zu erkennen sein wird, stets die große Gedankenverbindung zwischen der feststellenden und versuchenden Wissenschaft um die lebende Natur und ihrer Anwendung auf Praxis und Wirtschaft im Auge. Scheint unsere Zeit solcher Verbindung geneigter zu sein als eine frühere, so darf sie doch nicht der Versuchung verfallen, den festen Boden der allgemeinsten Lehre und Forschung zu verlassen, ohne unsicher, unfruchtbar und oberflächlich zu werden. Das gilt für **Studierende** und **Forscher** in gleichem Maße. Neben diesen beiden mögen aber auch die **Praktiker**, die der naturwissenschaftlichen Kenntnis und Arbeit für die Wirtschaft bedürfen, sich überzeugen lassen, daß nicht Einrichtung und Geldmittel die Naturwissenschaft der Wirtschaft nutzbar machen, sondern nur die vollste wissenschaftliche Grundlage und Betätigung!

Der Gedankengang des Hauptteils dieser Schrift ist einer Antrittsvorlesung entnommen, die ich nach Übernahme der Professur für Botanik an der Technischen Hochschule zu Dresden (W. S. 1924) am 29. April 1925 unter dem Titel „**Allgemeine Botanik als Grundlage der angewandten**" hielt. Der Dresdner Lehrstuhl ist ausdrücklich ein solcher für allgemeine, nicht für angewandte Botanik, er vermittelt dieselben Kenntnisse und Arbeitsweisen des Gebietes wie irgendein gleicher an einer Universität. Da diese Tatsache von manchen schon an sich, mehr aber noch in ihrer Begründung und Berechtigung übersehen zu werden pflegt, so schien es mir nützlich, darzulegen, warum auch die an der Technischen Hochschule zahlreichen Studierenden, für die das Fach — etwa in der Form der Rohstofflehre — ein Nebenfach bildet, von jeher auf den Weg gründlicher, allgemein botanischer Studien verwiesen zu werden pflegen.

So entstand der Plan, diesen **Studierenden außer den allgemeineren Darlegungen, auch besondere Angaben für ihre Studieneinrichtung zu geben**, wie ich sie im Exkurs III anhangsweise niederlegte.

Eine Begründung der nicht allein von mir vertretenen Anschauungen auch geschichtlich und literarisch zu versuchen, schien mir daneben anregend und nützlich. Wird doch für vertiefte Studien und gerade solche mit einer später praktischen Richtung, die **Literaturkunde** viel zu wenig gepflegt und in ihrer Nützlichkeit übersehen. Dem suchte ich durch die Excurse I und II Rechnung zu tragen.

Dresden, 12. März 1926.

Friedrich Tobler.

Von Naturwissenschaft zu Wirtschaft.

Daß ein Weg führt von Naturwissenschaft zu Wirtschaft, und von jedem naturwissenschaftlichen Teilgebiet zu Wirtschaftszweigen, wird heute niemand mehr bezweifeln. Das bedeutet indessen weder eine Herabziehung der Wissenschaft als solcher, noch eine unfruchtbare, allzu theoretische Einstellung des fraglichen Wirtschaftszweiges, vielmehr erst ihre sicherste und wertvollste Begründung. Das will ich am Beispiel der Pflanzenkunde als dem Untergrund für Rohstofflehre und andere Anwendung zu zeigen versuchen.

Es ist meine Überzeugung, daß die allgemeine wissenschaftliche Botanik heute keineswegs etwa weniger als früher zur Grundlage auch aller praktischen Anwendungen der Pflanzenkunde als notwendig angesehen werden muß, sondern daß gerade in der gegenwärtigen Zeit an allen jenen Stellen und auf allen den Gebieten, wo Nutzanwendung von Pflanzen und Pflanzenkunde erstrebt wird, lediglich auf einer verbreiterten Heranziehung allgemeiner Botanik Fortschritte möglich sind. Hierdurch und nur auf diesem Wege läßt sich die innere Berechtigung dafür finden, daß auch da, wo die Botanik in eine Verbindung mit technischen Wissenschaften gebracht worden ist, in Lehre und Forschung die allgemeine Richtung als die wichtigere anzusehen ist, gegenüber den auf diesem Wege zugänglich zu machenden Nutzanwendungen.

Es ist schon aus der Geschichte der Menschheit eindrucksvoll und verständlich, daß die Pflanzenkunde im Gang ihrer Entwicklung zuerst eine angewandte Wissenschaft, ja geradezu ein Wirtschaftszweig, gewesen ist. Fragen wir hierbei nach dem Sinn des Begriffes ,,angewandte Botanik" (den wir besser durch wirtschaftliche ersetzen sollten), so lautet die Antwort: Kenntnis von Pflanzen hinsichtlich ihrer Nutzung, Eindringen in ihre Kenntnis mit praktischen Zwecken für den Menschen. Ursprünglich sind also die Pflanzen dasjenige, was ,,angewendet" wird, und erst in zweiter Linie wird auch erworbene Kenntnis von ihnen ,,angewendet" für weitere Nutzung. Mißverständlich ist daher die heute üblich gewordene kurze Bezeichnung ,,angewandte Botanik" (und noch vielmehr der sprachlich irrige Ausdruck ,,angewandter Botaniker"!). Auf dieser Begriffsbestimmung fußend, erkennt man sofort, daß große Zweige alter menschlicher Kultur, wie Landwirtschaft, Waldwirtschaft, Heilkräuterkunde u. dgl. Abkömmlinge angewandter Botanik und zweifellos älter sind als irgendwelche Kenntnis oder Festlegungen wissenschaftlicher Art, die zu einer allgemeinen Botanik als Bausteine dienen könnten. Immerhin bliebe noch zu erwägen, wie auch von den genannten ältesten Gebieten später einmal besondere Abzweigungen vorgenommen wurden, die, ohne sich selbst im Rahmen der praktischen Betätigung für die Wirtschaft des Menschen zu halten, doch letzten Endes als Ziel Förderung praktischer Zwecke aus dem Gebiete der Pflanzenkunde hatten. Ich erinnere daran, wie aus landwirtschaftlicher Arbeit schließlich Pflanzenzüchtung wurde und wie sich diese zu einem im Ursprung scheinbar theoretischen und doch heute an einem Ende rein praktisch-wirtschaftlichen Wissens- und Forschungsgebiet entwickelte. Ich erinnere ferner daran, wie aus der Kenntnis der Heilkräuter und der anderer technischer Pflanzen sich ein Gebiet wie die Pharmakologie entwickeln konnte, in der zunächst eine weite Entfernung mit rein wissenschaftlicher Feststellung erreicht wurde, dann aber die Rückleitung so mancher Ergebnisse für Darstellung und Gebrauch chemischer Verbindungen in der Heilkunde, Technik und Wirtschaft sich bemerkbar macht. Doch betreten wir mit diesen letzten Darlegungen bereits das Feld einer seitlichen Entwicklungslinie, die, vom Praktischen kommend, vorübergehend wissenschaftlich wurde, um wieder ins Praktische zurückzukehren. Wir dürfen daneben aber die große Hauptlinie nicht aus dem Auge verlieren, die von den alten praktischen Anwendungen der Pflanzenkunde sich im Beginn der Neuzeit auf das Gebiet allgemeiner Botanik bewußt und ohne praktischen Zweck in wissenschaftlicher Darstellung erhoben hat.

Jahrtausende in der Entwicklung der Menschheit, Jahrhunderte in der Entwicklung gegenwärtiger Wissenschaft trugen Stoff zusammen, lehrten einzelne Pflanzen nach Form und Lebensweise mehr oder weniger gut kennen, lehrten auch wohl schon den Zusammenhang von Pflanzengruppen verschiedener Länder und schufen so den Unterbau zunächst für eine **Systematik und Geographie des Pflanzenreichs**. Daneben trugen aber auch sie schon in sich so manches, was in dem Zusammenhang der Wissenschaft Aufnahme finden konnte, sobald die Steigerung der Hilfsmittel zur Untersuchung, der optischen wie der chemischen, die Möglichkeit gab, die allgemeinen Grundlagen, d. h., die gemeinsamen Eigenschaften der Pflanzen und damit den Begriff von Pflanzenkörper und Pflanzenleben zu finden.

Um der Abhängigkeit willen, in der hier die Wissenschaft sich von technischen Voraussetzungen befindet, ist es erklärlich, daß allgemeine Botanik kaum weiter zurückdatiert als bis zum Beginn des 19. Jahrhunderts und daß erst von diesem Zeitpunkte an Gebiete wie Morphologie und Anatomie der Pflanzen ihren wissenschaftlichen Ausgang nehmen. Auch die Morphologie, denn die wahren Zusammenhänge von Pflanzengruppen und die Entwicklungsgeschichte sind von Anfang an von den optischen Hilfsmitteln abhängig gewesen[1]).

---

[1]) Eine Ausnahme soll nicht verschwiegen werden, es ist die „Isagoge in rem herbariam" des Adrianus Spigelius von 1606, die ich schon früher (Naturwissenschaftl. Wochenschrift N. F. XIV, 1915) als „das älteste Lehr-

Es ist ein merkwürdiges zeitliches Zusammentreffen, daß im gleichen Augenblick, in dem diese Stufe erreicht war und in dem eine allgemeine, oder wie man später etwas abwegig dafür auch wohl sagte: **Wissenschaftliche Botanik** entsteht, auf literarischem Gebiete sich bewußt auch die Anfänge wissenschaftlicher Darstellung von Teilgebieten mit praktischem Zweck finden. Mit anderen Worten, es liegen die ersten Versuche zur wissenschaftlichen Vorführung des allgemeinsten Unterbaues aller Pflanzenkunde, also der Morphologie, Anatomie und auch schon der Physiologie ungefähr um die gleiche Zeit wie Zusammenfassungen **technischer Botanik, forstlicher oder landwirtschaftlicher Pflanzenkunde**. Die Erklärung für dieses Zusammentreffen liegt wohl darin, daß in einer früheren Zeit so gut wie alle schriftlichen Darlegungen über Pflanzen praktische Ziele im Auge hatten, Nützlichkeitsbestrebungen dienten, jetzt aber aus dem reicher gewordenen Wissensschatz des gesamten Gebietes bewußt sich Teile herausschälen ließen, die groß genug wurden, um Einzelzwecken zu dienen, und geeignet waren, die Übersicht des Wissenswerten für einen bestimmten Zweck zu erleichtern[1]).

Einer ganz besonderen Entwicklung mit wesentlich jüngerem Ursprung muß noch Erwähnung getan werden: Das ist die der Kenntnis von allen jenen Pflanzen, mit deren Vorkommen überhaupt erst die verbesserte optische Technik den Menschen bekannt machte. Es ist dies die große Welt der Pilze und Bakterien, es ist das jenes Gebiet, das in sich den Anfang der **Bakteriologie und technischen Mykologie**, aber auch der **Pathologie der Blütenpflanzen** enthält und

---

buch allgemeiner Botanik" bezeichnete, und das doch das Ziel ernstester Begründung wirtschaftlicher Botanik in sich trägt (vgl. Exkurs I, Anhang S. 29).

[1]) Zum literarischen Ausdruck dieser Entwicklung, der den **äußerlichen** Gang auffinden hilft, indem er den Stempel des Zustandes verschiedener Zeit trägt, vgl. den Exkurs II, Anhang S. 33.

in weitestem Maße in praktische Anwendung der Pflanzenkunde, in Wirtschaft und Technik hereinzielt. An dieser Stelle haben wir zum erstenmal das unentbehrliche Bedürfnis, neben der zur Aufdeckung jener Lebewesen notwendigen Optik auch der inzwischen erreichten Fortschritte der Chemie, insbesondere der physiologischen Chemie, zu gedenken, die in Verbindung gebracht werden will mit allem, was an menschlichem Nutzen auf diesem Gebiet geerntet werden konnte. Der Bakteriologie und der technischen Mykologie wäre keine andere als eine bescheiden feststellende Rolle zugefallen, wenn sie nicht in Verbindung mit physiologischer Chemie in der Lage gewesen wäre, in die Lebensvorgänge der neu gefundenen kleinen Pflanzen einzudringen und entweder diese durch solche Kenntnis erfolgreich zu bekämpfen oder aber die Lebensvorgänge und dabei entstehende Erzeugnisse außerhalb der Pflanzenkörper nutzbar zu machen.

Und an einer zweiten Stelle muß uns die Verbindung zwischen Pflanzenkunde und Chemie besonders scharf ins Auge fallen. Es ist das die Umstellung, die der Begriff Rohstofflehre gegenüber früherer Zeit jetzt erfahren mußte. Wenn eine technische Botanik des ausgehenden 18. Jahrhunderts von der Verwendung einzelner Pflanzen für Zwecke wie der Färberei, Gerberei u. a. einzelner Gewerbe sprechen konnte, so sprach sie davon auf Grund praktischer Erfahrung und gebräuchlicher Nutzanwendung von Pflanzen oder Pflanzenteilen ebenso wie etwa die Heilkräuterkunde sich der Auszüge aus einzelnen Pflanzen seit Jahrhunderten bedient hat, ohne daß in beiden Fällen bekannt war, wo (wie man früher sagte) „das wirksame Prinzip" gelegen sei. Je mehr man aber in der Chemie selbst analytisch fortschritt, desto schärfer wußte man im Einzelfall auch den letzten Grund der Wirkung, d. h. die chemische Verbindung aus der Pflanze, ihr Vorkommen, ja ihre Entstehung zu bestimmter Zeit oder an bestimmter Stelle anzugeben. Hierauf gründet sich ein eigenes Wissensgebiet, das die vollständigste Nutzanwendung bestimmter Pflanzen weit besser sicherte als die frühere rein praktische Erfahrung. Damit bekam die Kenntnis nutzbarer Stoffe im Pflanzenreich zum erstenmal wirksame Unterlage. Indessen blieb und bleibt gerade heute wieder die Fülle von Einzelkenntnissen in der genannten Richtung in einer engen praktischen und wissenschaftlichen Verbindung mit der Kenntnis von einzelnen Teilen oder Erzeugnissen aus Pflanzen, die bei diesen, von Natur geboten oder bewußt gewonnen, das abgeben, was man vielfach als Rohstoff aus dem Pflanzenreich bezeichnet. Man könnte, genau genommen, schärfer trennen zwischen Rohstoff aus dem Pflanzenreich, der ganze Pflanzenteile (Früchte, Stengel, Blätter usw.) vorstellt oder solchem, der bereits „rohe Säfte" (Harz, Gummi usw.) vorstellt und bei dem zwar Gewebe irgendwie noch mit im Rohstoff vorliegen, indes für die Nutzanwendung belanglos sind. Doch gleichviel, man sieht, wie an dieser Stelle sich auf Grund von Kenntnissen allgemeiner Botanik unter Zuhilfenahme von Chemie und Physiologie ein Gebäude aufbaut, das die nutzbaren Pflanzen nicht mehr als ganze, sondern in ihren nutzbaren Teilen, Inhaltsstoffen oder Erzeugnissen aufnimmt, und dem etwa die Überschrift Rohstoffkunde zu geben ist. Auch diese Rohstoffkunde hat ihre eigene Geschichte, wenngleich auch erst in den letzten Jahrzehnten gehabt. Sieht man ab von technischer Botanik vor hundert Jahren, als die Verwendung fremdländischer Rohstoffe des Pflanzenreichs bei uns noch eine verhältnismäßig geringfügige war, so mußte eine ungeheure Erweiterung des Gebietes durch die Entwicklung erfolgen, die der überseeische Verkehr, Handel und Industrie in Europa auf der einen Seite und die planmäßige wissenschaftliche Erforschung überseeischer Gebiete auf der anderen Seite genommen hat. Denken wir daran, daß vor kaum mehr als hundert Jahren auf der Grundlage überseeischen Rohstoffs sich die Baumwollindustrie in Europa entwickeln konnte, denken wir ferner daran, daß Kautschukverwendung und Kautschukindustrie im Laufe des

19. Jahrhunderts Boden und stattliche Ausdehnung gefunden haben, und daß sich selbst zum Wettbewerb mit an sich reichlich vorhandenem europäischen Pflanzenrohstoff für technische Zwecke, wie etwa Gerbstoff, neue große Quellen anderer oder besserer Art auf zugänglich werdendem Kolonialboden fanden, als Rohstoff gewinnen und einführen ließen, so haben wir Beginn und Kernpunkt solcher Entwicklung vor uns. Gerade aber diese, planmäßig von wissenschaftlicher Seite unternommen, leitete zu dem Gedanken, daß eine ganze Reihe gleicher oder in der Verwendung sich gleichbleibender Stoffe aus den verschiedensten Ländern und selbst von sehr verschiedenartigen Pflanzen gewonnen werden konnten. Immer reichlicher wuchsen die Listen an, die die Nutzpflanzen für bestimmte Verwendung nach Weltteilen, Ländern und Klimaten verzeichneten. Eins freilich blieb dabei zunächst unberücksichtigt, nämlich die wirtschaftliche Verwertung der zunächst bei ihrem Auffinden als Wettbewerber für technische Verwendung auftretenden Pflanzenstoffe verschiedener Herkunft. Und in diesem Sinne hat diese Zunahme systematischer und geographischer Kenntnis an Nutzpflanzen der Welt auch wieder ihren Nachteil gehabt. Sie hat dazu verleitet, falsche Anlagen da oder dort zu machen, und Geld vergeuden lassen für Stoffe, die, wenn auch gleicher Wirkung wie früher bekannte von anderem Ort, doch an Güte, Leichtigkeit der Gewinnung und vor allem Preis von Arbeit und Transport es nicht mit den großen, erstbekannten aufnehmen konnten. Wenn man am Ende des vergangenen Jahrhunderts von einer wirtschaftlichen Pflanzenkunde, Rohstoffkunde des Pflanzenreichs usw. redete, so bestand sie zumeist eben aus jenen getreulich verzeichneten Vorkommnissen der Stoffe, geordnet nach Pflanzen, Ländern und Verwendung, und hier gerade ist der Wendepunkt der Entwicklung gegenüber heute zu finden, einer Entwicklung, die kaum noch eingeleitet, nun aber um der Verwendung selbst willen dringend nach Fortsetzung und allgemeiner Anerkennung ruft.

Die heutige Rohstoffkunde des Pflanzenreichs kann nicht anders, als sich auf Grundlagen allgemeiner, insbesondere physiologischer Pflanzenkenntnis zu stellen! Der Rohstoff, gleichgültig ob Inhaltsstoff der Pflanzenzellen, ob umgebildetes Erzeugnis von Zellen oder Geweben oder ob Gewebe, Körperteile und ganze Pflanzen selbst, — ist und bleibt Bildungsergebnis des lebenden Wesens, Erzeugnis eines Stoffwechselvorgangs und einer Entwicklung, die gekannt sein wollen, wenn man den Stoff kennen will. Längst genügt es nicht mehr, den Stoff, so wie er etwa im Handel als Rohstoff vorkommt, noch so genau nach Herkunftsmerkmalen äußerer Art, oder auch in mikroskopischer oder chemischer Analyse zu kennen, unbedingte Forderung wird Einblick in sein Werden, in seine Rollen als Erzeugnis einer unfertigen oder abgeschlossenen Entwicklung der Pflanze und als ebenso abhängig von allen äußeren Wachstumsbedingungen, wie die Pflanze als Gestalt und Erscheinung.

Ein klassisches Beispiel solcher Entwicklung und solchen heute unüberwindlichen Zwanges neuer Auffassung ist der als Kautschuk bekannte Pflanzenrohstoff. Vor zwei Jahrzehnten noch erschöpfte sich das Blatt der wirtschaftlichen Pflanzenkunde oder botanischen Rohstofflehre, das die Überschrift Kautschuk trug, in der Aufzählung der verschiedenen Familien des Pflanzenreichs, aus denen dieser Stoff gewonnen werden konnte. Man hatte auch hierin schon einen nicht zu verkennenden neuzeitlichen Schritt mitgemacht, den ja auch die systematische Darstellung des Pflanzenreichs sich um jene Zeit zu eigen machte, nämlich das Vorkommen des Milchsaftes im Pflanzenkörper als ein unterschiedliches und einheitliches Merkmal für bestimmte Gruppen zur systematischen Anordnung heranzuziehen, es ebenso in die knappste Darstellung der Kennzeichen einer Gruppe mit aufzunehmen[1])

---

[1]) So frühzeitig in A. Englers System der Pflanzen, z. B. in den verschiedenen Auflagen seines „Syllabus" seit bald drei Jahrzehnten für

wie etwa mit fortschreitender anatomischer Kenntnis Merkmale dieser Art Verwendung finden konnten. Aber gerade die umfangreichen Listenverzeichnisse von Kautschukpflanzen, die auf systematischer Grundlage beruhten, haben zu manchen, wenn auch nicht an sich technisch, so doch für die große Wirtschaft, unfruchtbaren Bemühungen und Anlagen Anlaß gegeben. Wenn der Eingeborene eines afrikanischen Landes einen brauchbaren Kautschuk für seine Zwecke aus bei ihm einheimischen Pflanzen zu gewinnen wußte, so regte die Kenntnis dieser Tatsache vielleicht den kolonisierenden Europäer an, dem gleichen Stoff und der gleichen Pflanze seine Aufmerksamkeit zu schenken, sie etwa in Kultur zu nehmen und den Rohstoff nach Europa zu führen. In einzelnen Fällen war das von vornherein aussichtslos, weil sich vielleicht diese Sorte Kautschuk nach der Natur ihres Ursprungs durch weniger wertvolle Eigenschaften auszeichnete als sie etwa dem alten berühmten Parakautschuk zukamen. In anderen Fällen brachte Vorkommen und Sammelweise des in der Kenntnis des Europäers jüngeren Kautschuks entweder erschwerende Besonderheiten, z. B. mangelnde Sauberkeit, geringe Haltbarkeit oder auch verhältnismäßig höhere Kosten mit sich und selbst hoch zu bewertende Kautschukpflanzen haben gezeigt, daß sie keineswegs an allen Orten ihres Vorkommens, noch weniger aber an allen Orten ihrer Kultur möglichst den Wettbewerb mit dem ursprünglichen Kautschuk gleicher Pflanze oder gar mit dem alten, höchst geschätzten Parakautschuk aufnehmen konnten[1]). Woran hat es hier gefehlt? Zunächst jedenfalls an der so frühzeitig wie möglich einzusetzenden wirtschaftlichen Begut-

---
Familien, Ordnungen, Reihen hinsichtlich Vorkommen von Harzen, Ölen, Milchsäften, Gerbstoff u. a. (vgl. 10. Auflage, Berlin 1924).

[1]) Einleuchtendes Beispiel: Vorkommen des Kautschuks in den Früchten von tropischen Misteln, also Pflanzenteilen, die man — im Gegensatz zur sonstigen Kautschukzapfung! — von der Pflanze freiwillig geboten, ernten könnte. Aus diesem Grunde versprach man sich — allzu theoretisch — davon besonderen Vorteil, die Praxis und die Wirtschaft sind aber zu anderem

achtung einzelner Herkünfte, dann aber auch ebenso, und zwar besonders auch im gleichen Stoff unter verschiedenen örtlichen Anbauten, an der ausreichenden Kenntnis davon, was der Kautschuk in der Pflanze als Stoff bedeutet, wie er entsteht und wie nach dem Lebensgang und Stand der einzelnen Pflanze sich seine Mängel und Zusammensetzung regeln. Letzten Endes sind auch die landwirtschaftlichen Versuche im Anbau von Kautschukpflanzen bei den an sich, verglichen mit Europa, nur geringen Kenntnissen tropischer Bodenbewirtschaftung und Pflanzenpflege in viel höherem Maße als pflanzenphysiologische Versuche anzusetzen und zu bearbeiten als das für Anpflanzungen bei uns gedeihender Gegenstände und selbst solcher, die noch junge Kulturpflanzen sind, der Fall sein würde. Heute wissen wir schon Erhebliches vom Einfluß des Bodens, der Jahreszeiten und des Gesundheitszustandes der ganzen Pflanze auf die Erzeugung, die Menge und Art des Milchsaftes und des darin enthaltenen Kautschuks, wir kennen aber auch den Einfluß, den die zur Zapfung des Kautschuks von jeher benötigte Verwundung des Stammes auf die weitere Entwicklung und den Stoffwechsel der Pflanze hat[1]). Gewiß, manches

---

Ergebnis gelangt und die anfänglichen Hoffnungen und Betonungen des Mistelkautschuks (z. B. O. Warburg, „die Kautschukmisteln", Tropenpflanzer 1905, und in meiner „Kolonialbotanik", Leipzig 1907, S. 87) sind wohl als überwunden anzusehen.

[1]) Als Merkpunkte der Entwicklung dieses Gebietes haben folgende Arbeiten zu gelten; aus deren Titeln sich die Art des Inhalts entnehmen läßt und die als Grundlage dienen mögen:

1901. Molisch, H.: Studien über den Milch- und Schleimsaft der Pflanzen (Jena).

1905. Harries, C.: Über Abbau und Konstitution des Parakautschuks (Ber. d. dtsch. chem. Ges.).

1905. Kniep, H.: Über die Bedeutung des Milchsafts der Pflanzen (Flora).

1909. Bruschi, D.: Contributo allo studio fisiologicho del latice (Ann. di Botanica 7).

1909. Fitting, H.: Physiologische Grundlagen zur Bewertung der Zapf-

in ähnlicher Art war als Erfahrungstatsache durch Pflanzer und Zapfer mehr oder weniger bekannt, aber solange das Bild der Pflanze hinsichtlich des Ortes und der Art der Erzeugung diese Stoffes sich nicht ein wenig abrundete, solange war es unmöglich, praktische Erfahrungen auch nur im beschränktesten Gebiete von einem Fall auf den anderen zu übertragen, solange tappte ein jeder, der an neuem Orte mit der Anlage und Gewinnung begann, wieder im Dunkeln wie andere vor ihm. Es braucht nicht näher ausgeführt zu werden, wieviel Werte durch mangelnde Kenntnis in der angedeuteten Richtung verloren worden sind und wie förderlich für die Wirtschaft wie für die Wissenschaft die Verbindung exakter physiologischer Versuche mit der vorhandenen Kautschukkultur im Lande der Pflanze oder einem ihm gleichartigen

methoden bei Kautschukbäumen nach einigen Versuchen an Hervea brasiliensis (Tropenpflanzer 13).

1909. Spence, D.: The practical significance of recent advances in the bio-chemistry of the latex of rubber producing plantes (Lectures on India-Rubber, London).

1910. Bernard, C.: Quelques remarques à propos du rôle physiologique du latex (Ann. d. Jard. Bot. de Buitenzorg, Suppl. III).

1910. Fickendey, E.: Über die Bedeutung des Milchsafts im Wasserhaushalt der Pflanzen (Tropenpflanzer 14).

1910. Tromp de Haas, W. K.: Relation entre la composition du latex du Hevea et la saignée (Ann. du Jard. Bot. de Buitenzorg. Suppl. III)

1911. Arens, P.: Bijdrage tot de kennis der melksapvaten van Hevea brasiliensis en Manihot Glaziovii (Cultuurgids 13).

1913. Simon, S.V.: Zapfversuche an Hevea brasiliensis mit besonderer Berücksichtigung der Latexproduktion, der Neubildung der Rinde an den Zapfstellen, sowie des Verhaltens der Reservestoffe im Stamm (Tropenpflanzer 17).

1913. Zimmermann, A.: Der Manihot-Kautschuk. Seine Kultur, Gewinnung und Präparation (Jena).

1914. Tobler, F.: Physiologische Milchsaft- u. Kautschukstudien I, (Jahrb. f. wiss. Bot. 54).

1924. Arisz, W. H.: Over de rubber en de stikstofbevattende Stoffen van latex van individueele boomen (Archief voor de Rubbercultuur 8).

1924. Hauser, E.: Rubber latex Particles (India Rubber Journal).— Microscopical Researches on Hevea and other latices (India Rubber Journal).

geworden ist. Nur soviel sei erwähnt: Genaueste anatomische Untersuchung der Kautschuk führenden Rinden aus den verschiedensten Familien des Pflanzenreichs hat gezeigt, wie sich die milchsaftführenden Elemente durchaus nicht gleichartig bei den verschiedenen Gruppen von Pflanzen verteilen, daß vielmehr in manchen Fällen z. B. im wesentlichen tangentiale, d. h. auf konzentrischen Kreisen angeordnete Verteilung vorliegt, daß aber zwischen diesen Kreisen in radialer Richtung Verbindungsbrücken bestehen können. Hieraus ergibt sich ohne weiteres wichtiger Aufschluß für Art und und Folge der Verzapfung, für die mögliche Menge des austretenden Saftes und im Zusammenhang mit der Untersuchung der Vernarbungserscheinungen nach der Zapfung die ernsthafte Begründung für den Gang und die Tiefe des Einschnittes. Die Untersuchung der Vernarbungserscheinungen als einer bei der Pflanze in selbstverständlicher Abhängigkeit von ihrem Allgemeinbefinden (Alter, Zustand und Jahreszeit) stehenden Erscheinung zeigt dann weiter die Notwendigkeit, auf den Vorrat an vorhandenen Baustoffen (Reservestoffen) zur Erstellung von Wundgeweben in der Rinde Rücksicht zu nehmen, belegt also weit genauer als praktische Einzelerfahrung die Häufung der Einschnitte auf bestimmte Bezirke der Stammoberfläche und ihre Wiederholung in gewissen Zeiten. Nach genauerer Kenntnis der Verwundung und Heilungsvorgänge konnte weiter auch die Untersuchung des Saftes selbst von maßgeblicher Bedeutung werden für die Menge des zu gewinnenden Saftes oder Kautschuks, für den Wechsel seiner Zusammensetzung und für die Ergiebigkeit je nach Zeit, Art und Häufigkeit der Ausbeute. Mikroskopische Befunde an den Teilen des Milchsaftes lehrten allmählich schon auf diesem Wege eine Übersicht über seinen Wert in einer bestimmten Ernte und geradezu über die Wirtschaftlichkeit der Zapfungen gewinnen. Nachdem die Kautschukpartikelchen für verschiedene Pflanzen im Milchsaft ihrer Form nach hinreichend erkannt worden waren, daneben die Gummiteilchen und Eiweißpartikelchen sich deutlich abhoben, ergab sich die Feststellung, daß z. B. der Saft zur feuchten Zeit bei guter Ernährung milchiger ausfiel als zu anderer. Es ergab sich aber auch unter bewußter Berücksichtigung der Ernährungsverhältnisse von Versuchspflanzen ein **Zusammenhang zwischen Stickstoffmangel und Steigerung des Kautschukgehaltes**, sowie ein Verbrauch von im Milchsaft vorhandenen Stoffen bei Mangel an plastischen Stoffen, kurzum ein gewisser Zusammenhang, der für eine **beschränkte ernährungsphysiologische Bedeutung des Milchsaftes** sprach. Hieraus erhellte ohne weiteres, daß und warum übertriebene Zapfung oder Zapfung zu ungeeigneter Zeit nachteilig für die Pflanze im allgemeinen, vor allem aber für die Heilungsreaktion nach der Zapfung und damit für spätere Ausbeute werden kann. Wenngleich solche Ergebnisse immer unter dem Lichte der Tatsache betrachtet sein wollen, daß verschiedene Kautschukpflanzen sich verschiedenartig verhalten, weil entweder ihr Saft andersartige Zusammensetzung, seine Bahnen andere Lage und Ausdehnung, oder vielleicht auch andere Bedeutung besitzen, so kann doch gerade spezifisch für bestimmte große Kulturen manches allgemein **nur auf diesem Wege für die Praxis klargestellt** und geradezu der Weg der Zapfung und Aufbereitung bewußt beeinflußt werden. Wenn endlich in neuester Zeit nun auch von der Seite feinster physikalisch-chemischer Betrachtung an den Milchsaft, seine Zusammensetzung und Struktur herangetreten wird, so hat sich auch hieraus weiterhin Beachtenswertes in bestimmter Richtung folgern lassen. Die Partikelchen des Parakautschuks dürfen als Zweiphasensystem aufgefaßt werden: Eine äußere Schicht, schwer löslich in Benzin, ist von hoher Viskosität, eine innere Flüssigkeit, löslich in Benzin, von geringer. In Lösungsmitteln, wie sie für die Verwendung des Kautschuks in Frage kommen, schwellen und bersten diese Körperchen daher, doch gibt es durchaus brauchbare Zusätze, die eine wesentliche Veränderung des Milchsaftes und seiner wertvollen Bestandteile hintan halten. Daraus hat sich die heute mit großem Interesse verfolgte Möglichkeit ergeben, den Milchsaft wertvoller Kautschukpflanzen in flüssigem Zustande auf beliebige Strecken zu transportieren, und es spielt der Latex-Import bereits eine beachtenswerte Rolle, womit natürlich wichtige wirtschaftliche Vorteile und Veränderungen verbunden sind. So zeigt auch ein flüchtiger Einblick in diese noch keineswegs bis zum Ende erforschte Frage, deren Beantwortung rein wissenschaftlich versucht werden müßte, wie ungeheuer groß und notwendig das Bedürfnis allgemeiner botanischer, insbesondere physiologischer Grundlagen für einen Gegenstand werden konnte, der bis vor nicht allzulanger Zeit rein als praktisches Beobachtungsgebiet oder höchstens als ein Feld einfachster angewandter Botanik angesehen wurde und heute sich wesentlich anders darstellt.

Wählen wir ein neuzeitliches **zweites** Beispiel zur Darlegung ähnlicher Verhältnisse und kommen wir auf **die nutzbare Bastfaser als Gewebeteil und als Erzeugnis der wachsenden Pflanze** zu sprechen. Wenn von bekannten Spinnstoffen des Pflanzenreichs, wie Baumwolle, Flachs oder Hanf u. a., oder von neu auftretenden zum Teil für die genannten als Ersatz bestimmten, in der Wirtschaft und Technik geredet wurde, so war bisweilen wohl von Güte und Unterschieden verschiedener Herkünfte die Rede. Diese wurden im allgemeinen als ziemlich feststehend hingenommen, allenfalls machte man sich klar, daß eine Abhängigkeit der Güte von der Art und dem Ort des Anbaues, vor allem der Höhe landwirtschaftlicher Kultur bei dem betreffenden Gegenstand bestand. Wenig oder nie aber hat man bisher allgemeiner versucht, die unmittelbare **ernährungs-physiologische Beziehung zwischen dem Gang der Pflanzenentwicklung und dem Aufbau des Faserelements** ins

Auge zu fassen. Was die Praxis, auch die landwirtschaftliche, in dieser Richtung an Arbeiten leistete, war teils zu vereinzelt, teils zu wenig überlegt, teils auch geradezu zu roh in der Anstellung und Auswertung des Versuchs. Wenn der Landwirt z. B. für mehr als eine Pflanze die sogenannte Lagerfestigkeit, d. h. den Widerstand seiner Anbauten, etwa bei Getreide, gegenüber dem Druck durch Hagel u. a. schon länger festzustellen bemüht war, so war es ihm im einzelnen gleichgültig, ob es sich dabei um eine Festigkeit des Stengels vermöge kräftiger Ausbildung des Holzkörpers oder etwa der Bastelemente handelte und ebenso hat auch bei Hanf oder Flachs oft genug Täuschung vorgelegen, insofern, als kräftiges Stroh durchaus geringe Menge oder geringe Güte an Fasern liefern konnte. Und selbst nachdem zunächst einmal **Rassenunterschiede** hinsichtlich des Fasergehaltes für solche Pflanzen festgestellt waren, blieb noch die Abhängigkeit ihrer Ausbildung von einzelnen Ernährungsfaktoren als wirkliche Grundlage der erwünschten Feststellungen übrig. Nur aus wenigen einzelnen Daten erhellt z. B., daß **Stickstoff schwächend auf Ausbildung der Bastfaserzellwände** zu wirken scheint, daß **Kalzium und Magnesium diese Wände spröde**, vielleicht indessen fest machen, daß **Chlornatrium Zunahme der Faserzahl und der Wanddicke** bedeuten kann, daß **Kali auf Zunahme der Zellenzahl**, aber wohl meist Vergrößerung ihres Hohlraumes hinwirkt. All dies aber, bisher fast noch nie planmäßig für unsere eigentlichen Spinnstofflieferanten durchgeführt, bleibt ein Gewirr von Widersprüchen und ruft geradezu nach Fortsetzung solcher Arbeit. Dies kann unbedingt nur mit bester **physiologischer Technik und eingehender mikroskopischer Untersuchung der Ergebnisse** geleistet werden. Dabei sind selbstverständlich auch die Beziehungen zum Gesamtwachstum, zur Ausbildung des Holzkörpers, auch zur Blüte und zum Samenertrag mit zu berücksichtigen, weil lediglich auf diesem Wege erst das wirtschaftliche Ergebnis ein vollkommenes zu werden verspricht. In diesem Falle ist zunächst die von mir seit Jahren unternommene Untersuchung auf die Frage zu richten, wie die Einzelfaser und zwar ganz allgemein und auch bei nicht technisch verwerteten Pflanzen auf Ernährungsunterschiede reagiert. In diesem Falle verspricht solche allgemeinere Untersuchung durchaus Übertragbarkeit auf die Gesamtheit aller Bastfaserpflanzen, ohne daß natürlich gesagt sein soll, diese müßten im einzelnen nachher gleichbleibendes Verhalten ergeben. Wir sind heute immerhin darin so weit, daß die Kaliindustrie nicht mehr umhin können wird, sich erheblich für den Anbau bestimmter Faserpflanzen zu interessieren; so setzt sie sich in Verbindung mit der Fasererzeugung und betritt eine Brücke, die ihr allein die wissenschaftliche Pflanzenkunde schlagen hilft! So wie im Falle des Kautschuks die allgemeine Erkenntnis über Bedeutung, Verhalten und Auftreten des Milchsaftes in Beziehung zur Ernährung maßgeblich geworden ist für Kultur, Gewinnung und Behandlung des erstrebten Rohstoffes, so wird auch in diesem Falle die Kenntnis von der Bedeutung des Faserelements im Pflanzenkörper in ähnlichen Abhängigkeiten wichtig werden für die Auswahl und Behandlung der Faserpflanzen und ihrer Sorten. Von dieser, von der rein wissenschaftlichen Untersuchung an die Landwirtschaft übergehenden Erfahrung, wird eine Verbindung zur wirtschaftlichen Überlegung und Berechnung zu suchen sein. Nicht, daß und wie eine Faserpflanze nutzbaren Spinnstoff erwünschter Art bilden kann, wird letzten Endes die praktische Auswertung sein, sondern ob die Bedingungen für dies Verhalten sich in geeigneter, wirtschaftlich lohnender Weise am einzelnen Ort bieten lassen.

Um aber in der Darlegung der Beziehungen zwischen notwendigen allgemein-botanischen Untersuchungen und ihrer Bedeutung für praktische Zwecke nicht auf die Rohstoffkunde beschränkt zu bleiben, sei noch ein Beispiel aus ganz anderem Gebiet gewählt, das freilich noch auf weiterem Wege, aber nicht minder sicher die Bindung der wirtschaftlichen Fortschritte an rein naturwissenschaftliche Grundlage beweist, andererseits aber auch ein glänzendes Beispiel für deren Erweiterung und Vertiefung bieten dürfte. Ähnlich wie die Rohstoffkunde, haftet auch die zur angewandten Botanik gerechnete Lehre von den Pflanzenkrankheiten oder Pathologie heute noch außerordentlich stark an Einzelfunden, die zwar in jedem Falle mehr oder weniger mit dem Rüstzeug etwa anatomischer oder auch physiologischer Untersuchung vertieft werden, für die es aber bisher fast durchweg an dem notwendigen allgemeinen Überblick und der Zusammenfügung zu einem einheitlichen Bilde des kranken Pflanzenkörpers und seines Verhaltens in Krankheit und Gesundung fehlt, eine Lücke, bei der der erhoffte wirtschaftliche Gewinn weit mehr als erwünscht zurücksteht. Zahllose einzelne Krankheitsfälle und Erreger von Krankheiten aus Tier- oder Pflanzenreich bilden heute den anschwellenden Inhalt der pflanzlichen Pathologie. Dabei wird allerdings schon um der diagnostischen Unterscheidung willen auch des Krankheitsbildes im Pflanzenkörper gedacht. Sowie aber ein neuer Erreger oder eine neue äußere Form der Krankheit auftritt, oder sobald sich dem Praktiker und Pflanzenarzte eine hinsichtlich ihres Erregers zunächst noch unbekannte Krankheit vorstellt, fehlt es an irgendwelchen allgemeinen Vorstellungen über Möglichkeit und Notwendigkeit der Behandlung, Unterdrückung der Verbreitung und vor allem auch Abhängigkeit der Erscheinung von äußeren Bedingungen. Es beginnt dann, häufig genug gefördert durch technisches Interesse, ein lebhaftes Versuchen in Behandlung der Patienten mit chemischen Stoffen, wobei vielleicht im einzelnen günstige Erfolge erzielt werden, aber der Zwang zur allgemeinen Lösung der Frage bestehen bleibt. Für einen neuen Krankheitsfall, der im äußeren Bilde nicht völlig mit bisher Untersuchtem übereinstimmt, ergeben sich die gleichen Schwierigkeiten und Bemühungen von neuem. Zwar hat man Grundlagen einer pathologischen Pflanzenanatomie als ersten Vorstoß ins allgemeine großzügig entworfen[1]), muß sich aber bewußt bleiben, daß man damit nur gewisse äußere Erscheinungen trifft und keineswegs in der Lage ist, die letzten Ursachen der Krankheitsbilder aufzudecken. Wo es hier fehlt, erkennt man am klarsten an der großen Lücke, die hinsichtlich jener Krankheiten bei Pflanzen besteht, die nicht auf bestimmte Erreger zurückgeführt werden können, sondern ihren Ursprung so gut wie sicher in ungewohntem und von äußeren Bedingungen aufgezwungenem Stoffwechsel haben. Nur sehr wenige davon sind bisher einigermaßen untersucht. Zu ihrer Untersuchung aber gehört ein planmäßiges physiologisches Experimentieren mit nachfolgender morphologischer und anatomischer Untersuchung. Begnügt sich der Anbauer einer Kulturpflanze mit dem großen Umriß des Ausfalles seiner Ernte, der geernteten Pflanzenmenge oder ihrem Gehalt an bestimmten nutzbaren Stoffen, so wird er in zahlreichen Fällen ungünstige Befunde zusammenwerfen, die durchaus verschiedenen Anlaß haben und wird damit weit weniger als es in seinem eigenen Interesse liegt in Zukunft in der Lage sein, Schwierigkeiten und Schaden zu vermeiden. Der Praktiker wird sich niemals berufen fühlen, Versuchen in dieser Richtung nachzugehen, der Erzeuger von Saatgut oder von Pflanzenschutzmitteln noch weniger, da es sich ja sachlich um nicht zu bekämpfende Erreger handelt, und doch muß diese Grundlage für die Antwort, die der Pflanzenkörper auf bestimmte Mängel seiner Ernährung oder Behandlung in der Kultur gibt, gerade auch im Interesse der Praxis gesucht werden. Es fehlt also an einer pathologischen Pflanzenphysiologie. Ein gewisses Material dafür liefern allerdings Düngungsversuche, wie sie aus landwirtschaftlichem und technischem Interesse heute allseitig vorgenommen werden, aber sie alle pflegen nur den Gesamtausfall zu berück-

---

[1]) Küster, E.: Pathologische Pflanzenanatomie. Jena, 1903, dritte Auflage 1925.

sichtigen und sich fern zu halten von der Einzelwirkung auf die Zelle, die Organe und den Stoffwechsel der Untersuchungsgegenstände. Wären nun zunächst allgemein physiologische Krankheitsbefunde einmal klar gelegt, so würde das Gebiet der Infektionskrankheiten ganz von selbst seinen Nutzen daraus ziehen, einen Nutzen, den dieses Gebiet nur aus dieser Quelle zu ziehen vermag. Dann werden sich Parallelen zwischen den Bildern der Infektionskrankheiten und den Stoffwechselkrankheiten ganz von selbst ergeben, damit auch Wege zur Bekämpfung mit oder ohne Pflanzenschutzmittel weit besser vorgezeichnet sein als bisher. Ohne Frage muß das bisher nur schwach betretene Gebiet der Behandlung von Infektionskrankheiten durch Änderung der Ernährung stärker beackert werden. Dabei wird sich zeigen, daß auch neue Krankheitsfälle viel klarer und leichter bekämpfbar erscheinen. Dann wird aber auch der Einfluß der Pflanzenschutzmittel auf die Pflanze und nicht nur auf den Erreger einer Krankheit stärker zu betonen sein und damit sich ein Gesamtbild ergeben, das wiederum mit Hilfe nur allgemeinster und weithin physiologisch-chemisch ausgedehnter Kenntnisse Förderung der Praxis durch die Wissenschaft vorführt.

Beispiele, wie die bisher angeführten, ließen sich zahlreich noch vermehren und bestätigen immer wieder die Notwendigkeit allgemeiner, insbesondere physiologischer Botanik zur Grundlage für später geplante Verwendung in praktischer Richtung zu wählen. Und unter diesem Gesichtspunkt sollte auch die äußere Aufrichtung der Arbeit und Arbeitsmöglichkeiten nunmehr stehen.

Wir haben in dieser Richtung wohl zu unterscheiden zwischen den Ansprüchen, die Forschung und Unterricht an eine solche Verbindung stellen. Die oben näher ausgeführten Beispiele haben an sich schon dargetan, daß die botanische Forschung durchaus auch für ihre eigene theoretische Erweiterung keineswegs zu umgehende (und noch weniger unwürdige) Ziele finden kann, wenn sie in der bezeichneten Weise der sogenannten angewandten Botanik sich zuwendet, oder mit anderen Worten, sie verläßt ihren Rahmen überhaupt nicht, sondern bleibt strenge und hochstehende Wissenschaft, wenn sie auch den Fragen Aufmerksamkeit schenkt, die vielleicht nur mit ihrer Hilfe in praktischen Gebieten gelöst werden können. Einerseits empfängt sie in ungewöhnlichem Maße Anregungen und bedeutende Erweiterungen von solcher Seite, andererseits muß sie ihre ganze breite Grundlage heranziehen, wenn sie an Gegenständen, wie den oben als Beispiel gewählten, mitzuarbeiten unternimmt. Bei solchem Vorgehen hält sie sich weit mehr von einseitigem Rennen auf ein begrenztes Ziel frei, als wenn sie in Ausbeutung einer bescheidenen Sonderrichtung Beispiel auf Beispiel auf allmählich schon abgegrastem Boden anhäuft, wie das gegenwärtig in gewissen Teilen der allgemeinen Botanik nach den großen Fortschritten der letzten drei Jahrzehnte nicht selten eingetreten ist. Daß trotzdem auch bei Zielsetzung auf mehr oder weniger praktischem Boden wichtige Errungenschaften von grundlegender Bedeutung für die allgemeine Botanik und Biologie geschaffen werden können, vermochten die obigen Beispiele gewiß zu zeigen.

Wenn überdies für wissenschaftliche Arbeit in der heutigen Zeit, in der weniger Mittel für reine Forschung zur Verfügung stehen, ganz von selbst eine Annäherung an solchen Standpunkt schon hie und da erfolgt, so braucht das **nicht als notwendige Grundlage für die Fortsetzung wissenschaftlicher Arbeit überhaupt** angesehen zu werden, läßt sich aber sehr wohl als wertvolle Unterstützung insofern buchen, als selbst im Hinblick auf nur nebenbei gewonnene Ergebnisse von praktischer Verwertbarkeit leichter als sonst im allgemeinen Mittel für Forschungszwecke flüssig gemacht werden dürften. Hiermit ist die Frage berührt, ob Forschungen, die auf Grundlage der allgemeinen Botanik an praktische Aufgaben ganz oder nebenbei herangehen, besonderen Forschungsinstituten oder den bisherigen Pflegstätten allgemein botanischer Arbeit zukommen. Beides ist möglich und ist gerade in Deutschland im Laufe der letzten Jahrzehnte in beträchtlichem Ausmaße erfolgt. Es war ein durchaus gesunder Gedanke, daß der jeweilige Träger des früher vom deutschen Reichskolonialamt ausgegebenen Tropenstipendiums, das Jahre hindurch in den Händen von Vertretern der allgemeinen Botanik an Hochschulen sich befunden hat, verpflichtet wurde, neben den von ihm geplanten rein wissenschaftlichen Untersuchungen auch eine Frage aus dem Gebiete der angewandten Botanik zur Bearbeitung vorzuschlagen und durchzuführen gehalten war. Gerade hierdurch wurden Forscher, deren Interesse in erster Linie auf dem Gebiete der allgemeinen, meist der physiologischen Botanik gelegen war, in den Kreis von halb oder ganz praktischen Aufgaben hereingezogen, deren Lösung nur mit dem vollen Rüstzeug der allgemeinen Botanik denkbar blieb. Und ebenso ist diesen Forschern zweifellos eine wesentliche Anregung und Erweiterung ihres eigenen Gesichtskreises durch diese Verpflichtung und ihre Lösung geworden. Daß im besonderen in der Kriegszeit auch mehr als ein Angehöriger allgemeiner Botanik sich Aufgaben suchte, vielleicht aus einer Art von moralischem Empfinden, die unmittelbar Tagesfragen wirtschaftlicher Art galten und doch eben gerade von ihm am besten gefördert werden konnten, nahm als Zeichen der Zeit nicht wunder. Stärker noch kam Ähnliches zum Ausdruck, als weiterhin Wirtschaftsgruppen Forscher aus verschiedenen Gebieten und darunter auch aus der Botanik mehr als früher in der Form zu ihrer Förderung heranzogen, daß sie Mittel für Forschungszwecke bereitstellten. Der Spielraum für die Ausdehnung solcher Forschungen blieb dabei öfter so weit, daß eine praktische Nutznießung aus den Ergebnissen keineswegs sofort und auf nächstem Wege erwartet werden sollte. Wo das in dieser Art geschah und erhalten blieb, konnte eine durchaus auch den reinen Forscher befriedigende Tätigkeit sich entfalten und nach und nach zu Ergebnissen führen. Es braucht hierfür nur daran erinnert zu werden, daß die Düngemittel erzeugende **chemische Industrie** Versuchsarbeiten selbst eingeleitet hat oder einleiten ließ und unterstützte, die durchaus der pflanzlichen Ernährungsphysiologie notwendige Lücken ausfüllen halfen. Es sei ferner daran erinnert, daß die Rohstoffe aus dem Pflanzenreich verbrauchende Industrie (die Industrie für Kautschuk, Harz, Zellulose u. a.) Fragen über Herkunft, Gewinnung und Aufbereitung der sie betreffenden Rohstoffe gestellt hat und weiter stellt, daher auch ihre Bearbeitung unterstützt, die sämtlich weit leichter vom Standpunkt der allgemeinen Botanik aus als von dem eines frühzeitig abgezweigten Sonderforschers praktischer Richtung gelöst werden können. Unbeirrt muß aber die Forschung daran festhalten, daß **ihre allgemeine Grundlage und die daraus sich ergebende Fragestellung ausschlaggebend für die wissenschaftliche Unternehmung bleibt. Je mehr sich diese Ansicht auch in den Kreisen der Industrie, die hier berührt werden, durchsetzt und je mehr diesen die Achtung vor dem weiteren, aber sicheren Wege eingeimpft wird,** um so ergiebiger wird das Endergebnis ausfallen und zwar für beide Teile. Hierbei darf niemals die dem Fortschritt der wissenschaftlichen Erkenntnis und durch ihre Vermittlung dem wirtschaftlichen Fortschritt dienende Forschungsarbeit verwechselt werden mit der kleineren, praktischen Tagesfragen dienenden und für praktische Stellen gleichfalls immer nötiger werdenden **Untersuchungsarbeit mit wissenschaftlichem Verfahren**. Der letzteren, die im Rahmen von öffentlichen oder privaten Untersuchungsstellen zu sehen ist, vermag der in ihren Dienst getretene und vielleicht frühzeitig auf ein Sondergebiet eingestellte Wissenschaftler kräftig zu dienen. Er wird durch die Anhäufung seiner Erfahrungen im Sondergebiet ebenso wie seine unmittelbare Verbindung mit der ihn beschäftigenden Industrie oder der öffentlichen praktischen Einrichtung gerade die notwendigen sich wiederholenden Feststellungen viel rascher erledigen als der sich seine Aufgabe selbst stellende Forscher. Aber der Inhaber einer derartigen Untersuchungsstelle wird seine Stärke gerade in der wiederholten Erledigung und sicheren Gleichsetzung an ihn herantretender Aufgaben besitzen, wird sich freilich durch die Art seiner Arbeit und oft genug auch durch deren Inanspruchnahme aber von den allgemeinen Grundlagen und ihren sonstigen Fortschritten um so mehr entfernen, je tüchtiger er sich auf seinem Sondergebiete erweist. Aus diesem Grunde wird zwar sein Tageserfolg oft sichtbarer und größer sein — das ist das Bestechende für den praktischen Förderer —, aber gelegentlichen, neuartigen Anforderungen, unerwarteten Veränderungen und Umstellungen der Art oder Benutzung der Rohstoffe, wird er mit entsprechend langsamer eigener Umstellung antworten, während der auf breiterem Boden Stehende neue Wege schneller findet und leichter einschlägt, ja sogar sie auf mehr theoretischer Grundlage und doch mit wirtschaftlichem Nutzen anzugeben vermag. Damit soll nicht gesagt sein, daß nicht der Einblick in wirtschaftliche Zusammenhänge auch dem oft durch seine Stellung daran gebundenen Forscher von großem und anregendem Nutzen sein könnte, auch er muß geradezu in dieser Richtung den Zusammenhang aufnehmen und wahren, falls er mit irgendeiner wissenschaftlichen Aufgabe praktisches Gebiet berührt. Sache der neuen Zeit wird es sein, in dieser Hinsicht zu bilden und zu fördern, was an Geistern und Kräften sich zur Verfügung stellt. Gewarnt werden aber muß an dieser Stelle vor jenen Einrichtungen, die, für gewisse Zweige schon vorhanden, von der rein kaufmännischen, statt der naturwissenschaftlichen Grundlage aus, etwa als Einrichter großer Industrien und ihrer Fabriken, sich im Interesse von derem äußern technischen Fortschreiten zugleich

,,wissenschaftlich" betätigen oder betätigen zu können glauben: Vielfach ist das eine kurzlebige Täuschung, weil der Leiter über ungenügende wissenschaftliche Bildung und keinen großen Blick verfügt, der von ihm gemietete Wissenschaftler aber nicht die hinreichend freie Betätigung erlangt, wie er und die Sache es beanspruchen dürfen. So ideal wie solche Zusammenfassung zwecks industrieller Einrichtung aus allen nötigen wissenschaftlichen Teilgebieten, also z. B. für Zellulose, Kunstseide u. a. aus Rohstoffkenntnis, Chemie und Maschinentechnik heute ist und für den Fortschritt aller Teile, der Wissenschaft wie der Praxis, sein könnte, so sehr ist dabei doch die Persönlichkeit heute ein bestimmender Faktor und bisher versuchte Lösung sicher selten auf rechtem und sicher fortführendem Wege. Auch hier hat der kleine oder große industrielle Unternehmer sich dem Wissenschaftler zu fügen und ihm die Führung rechtzeitig zu belassen.

Mit dieser Darlegung soll gesagt sein, daß sowohl ein großzügig und frei organisiertes Forschungsinstitut als auch jedes andere gelehrter Arbeit dienende in der Lage ist, eine Naturwissenschaft als reine Wissenschaft zu treiben und doch auch sie hie und da zur Grundlage eines Wirtschaftszweiges heranzuziehen. Kräftiger noch soll damit in unserm Beispiel betont sein, daß die wirtschaftliche Pflanzenkunde in unserem Sinne an allen Pflegstätten der reinen allgemeinen Botanik entstehen kann, ohne diese in ihrem Geiste oder ihrer Form zu verletzen.

Und was von der Forschung gesagt ist, findet seinen Widerhall in den Fragen eines Unterrichts, der auf der Grundlage der Naturwissenschaft bzw. hier allgemeiner Botanik auch der Wirtschaft dient[1]). Ein Bedürfnis nach besonderen Pflegestätten der angewandten Naturwissenschaft für den Unterricht in der letzteren besteht somit zunächst nicht und es ist wenig übertrieben, zu sagen, daß der fruchtbarste Arbeiter auf dem Gebiete der angewandten Botanik derjenige

---
[1]) Vgl. hierzu im einzelnen den Exkurs III, Anhang S. 40.

sein wird, der die festeste und entwicklungsfähigste Grundlage auf dem Gebiete der allgemeinen besitzt. Das gilt ganz besonders auch für diejenigen, denen eine Sonderausbildung in einem Zweige der angewandten Botanik neben einem anderen Hauptgebiet, etwa dem der Chemie, wünschenswert erscheint. Wer von diesem aus etwa mit Pflanzenrohstoffen in irgendeiner Hinsicht zu tun hat und vor Aufgaben ihrer Untersuchung und Bearbeitung in der Praxis einmal zu stehen kommt, wird weit leichter solchen Aufgaben mit dem reichlich vorhandenen nicht literarischen Stoff gerecht werden können, wenn er eine feste Grundlage allgemeiner Botanik besitzt, wenn er Morphologie, Anatomie und Physiologie der Pflanzen vollkommen beherrscht, als wenn er, nur eben technisch vorgebildet, etwa die gangbaren Rohstoffe der Gegenwart einigermaßen zu kennen glaubt, aber dem fremd gegenübersteht, was über diesen Rahmen hinaus greifen will. Das ist eine Erfahrung, die etwa der Nahrungsmittelchemiker, der Apotheker, der Textil- oder Papiertechnologe oft genug gegenwärtig machen können, wo große Umwälzungen im Gange sind und bessere Erzeugung und Verwendung der Pflanzenrohstoffe schwerer wiegende Tagesfragen in der Praxis bilden als die in der Untersuchungsstelle geläufige Unterscheidung und Bewertung. Daneben kann natürlich auf späteren Stufen der Ausbildung die Ein-Einführung in Sondergebiete und ihre neuesten Errungenschaften niemals schaden und diese wird selbstverständlich solchen Unterrichtsstellen vorbehalten bleiben, an denen sich im übrigen die Ausbildung der Praktiker für Sondergebiete am günstigsten vollzieht, also auf dem Gebiet der **Rohstofflehre** nicht selten mehr an Technischen Hochschulen, wie an Universitäten und in weitgehender älterer Abzweigung und Begründung für **Land- und Forstwirtschaft** etwa auf deren gesonderten Hochschulen. Umgekehrt wird aber, da Neigung und Befähigung sich auch erst im Laufe der Ausbildung einstellen können, an den Universitäten nicht mehr versäumt werden dürfen, im Unterricht allgemeiner Art oder durch Sonderunterricht erkennen zu lassen, von welchen Punkten aus eine Sonderausbildung ihren Weg nehmen kann, und welche besonderen Kapitel der allgemeinen Botanik als Quellen für Fortschritte in praktischer Richtung zu dienen vermögen. Erst wo der Sonderunterricht mit rein praktischem Ziel neben dem allgemeinen, und zeitlich jedenfalls nach diesem, seinen Platz findet, wird auch das Handwerksmäßige gegenwärtiger Untersuchungstechnik mit allen zur Verfügung stehenden Behelfen eine Rolle spielen, sofern es nicht — vielleicht weit besser — erst durch freiwillige praktische Betätigung an Untersuchungsstellen von denjenigen erworben wird, die sich frühzeitig praktischen Zielen zuwenden. In vielen Fällen, in denen heute von praktischer Seite an Untersuchungsstellen für Rohstoffe, wie in Zollämtern oder sonst in Berührung mit dem Handel, über den Mangel an geeignet ausgebildeten Kräften geklagt wird, oder wo aus Gründen gegenseitigen Abschlusses die Verwertung von Verfahren an einem Platze anderen schwer zugänglich wird, wie etwa in der Pflanzenschutzmittelerzeugung, wird sicher derjenige leichter seinen Platz ausfüllen und von Anfang an nützlicher arbeiten, der auf dem breitesten Boden steht und nicht allzu frühzeitig einem engen Sondergebiet verfällt, weil ihm die Aneignung neuer Forschungsergebnisse und neu hereinzuziehender Gebiete für seine praktische Betätigung ungleich leichter fallen dürfte.

Was hier vom Unterricht und der Ausbildung gesagt ist, läßt sich abgewandelt wiederholen von der dazu nötigen Literatur, vor allem aber von dem bei lebhaft sich wandelndem Stoff so wesentlichen Zeitschriftenliteratur. In ihr besteht — auch als eine Folge der rasch lebenden Zeit und ihrer Hast — sicher ein Bedürfnis nach Sonderung und ursprünglicher wie berichtender Darstellung von Teilgebieten der Wissenschaft, mit einzelner Hervorhebung des besonderen praktischen Gebietes. Wie ich mir selbst hier ein Vorgehen möglich denke, versuche ich seit einigen Jahren durch meine eigne Zeitschrift „Faserforschung, Zeitschrift für Wissenschaft und Technik der Faserpflanzen und der Bastfaserindustrie" zu zeigen und kann zunächst nur auf die Absichten dieses Organs verweisen. Dem steht aber eine Gruppe von Zeitschriften gegenüber, bei denen vom industriell-kaufmännischen Standpunkt aus und häufig ohne jede Berechtigung oder grundlegende Bildung wissenschaftlicher Art eine Unterrichtung praktischer Kreise oder praktisch tätiger Wissenschaftler aus den Fortschritten der Wissenschaft versucht wird. Dabei häufen sich die Unklarheiten, mißverstanden übernommene und verfrüht oder verdreht weitergegebene „Errungenschaften", ebenso wie ohne sichere Grundlage von Unsachkundigen gegebene „Anweisungen" wissenschaftlich-praktischer Technik für die vertretenen Wirtschaftszweige, während ernsthafter und dauerhafter Fortschritt auch dem ausgesprochenen Praktiker nur von solchen Köpfen geboten werden kann, die mit der breiteren Grundlage das Verständnis für wirtschaftliche Auffassung und die exakt bleibende, aber verständliche Darstellungskunst vereinigen, wie sie allein aus vollster Beherrschung der Gebiete ersteht. Mehrere industrielle Wirtschaftsorgane (besser Reklameorgane!), die heute bestehen, sind hervorragende Beispiele für überflüssige und gefährliche „Wissenschaftlichkeit" dieser Art, während z. B. der praktische Engländer Gegenbeispiele sein eigen nennt, z. B. „Journal of the Textile Institute", Manchester, oder „Bulletin of the Imperial Institute", London, die Fragen aus unser Beispiel betreffendem Gebiet, technisch oder rohstofflich, für den praktischen Wissenschaftler mustergültig vorbringen. Bei uns möchte ich in diesem Zusammenhang nicht unterlassen, den „Tropenpflanzer" zu erwähnen, der seinen Kurs vorzüglich fährt.

Was hier vom Unterricht gesagt war, nahm seine Richtung ganz von selbst mehr dahin, die Ausbildung des frühzeitiger praktisch Eingestellten zu bedenken. Wo und wie der Weiterforschende, aus der allgemeinen Botanik wissenschaftliche und zugleich der Wirtschaft förderliche Ergebnisse anstrebend, vorgebildet werden kann, oder muß, wird nie zu sagen sein. Es bleibt das naturgemäß dem Zufall, der Zeit und der Person überlassen. **Die deutsche Forschung hat in dieser Richtung manches geleistet und im allgemeinen Sinne vielleicht manches voraus selbst vor derartig wirtschaftlich geschulten Fachgenossen, wie etwa den Nicht-Deutschen germanischen Ursprungs. Sie wird es um so länger behalten, je mehr sie die breitere Grundlage beibehalten und je mehr sie in unserem Fall die allgemeine Botanik zu der stärksten Grundlage der angewandten ausarbeitet.**

Exkurs I.

Das älteste Lehrbuch „allgemeiner Botanik als Grundlage der angewandten".

Wenn es heute als Neuerung erscheint, die allgemeine Botanik mit besonderer Betonung als Grundlage für die angewandte und den Unterricht in ihr auch bei der Absicht zu praktischer Betätigung als wichtiger hinzustellen als solchen auf praktischem Sondergebiet, so muß gerechterweise doch bekannt werden, daß sehr weit zurück schon der gleiche Gedanke auf das deutlichste ausgesprochen wurde. In einer Zeit, in der die Botanik oder wenigstens ihre Literatur noch so gut wie ausschließlich von praktischem Gesichtspunkte aus und mit praktischem Ziele (Nutzanwendung der Pflanzen) getrieben wurde, erschien ein leider viel zu wenig beachtetes Werk des Professors Hadrian Spiegel (Adrianus Spigelius), der 1578 zu Brüssel geboren als medizinischer Professor 1626 in Padua starb. Seine 1606 in erster Ausgabe erschienene, später erneut, zuletzt 1667 von Heinrich Meibom, Professor in Helmstedt, herausgegebene Einführung in die Pflanzenkunde (Isagoge in Rem Herbariam) ist ein bewundernswertes Werk und ein Markstein in der Entwicklung des naturwissenschaftlichen Unterrichtswesens. Ich habe in einer früheren Abhandlung dies Buch als das älteste Lehrbuch allgemeiner Botanik bezeichnet und seinen Inhalt und Gedankengänge mich darzulegen bemüht. Er läßt sich dahin zusammenfassen und schlägt für den Gang der Ausbildung diese Reihenfolge vor:

Aneignung allgemeiner morphologischer Grundbegriffe, Kenntnis der Grundtypen von Pflanzen (d. h. die charakterisierenden Arten aus den wichtigsten Gattungen auf Exkursionen und im Garten), Anlage einer Pflanzensammlung im Anschluß hieran. Danach Übergang zu biologischen und physiologischen (zugleich pharmakologischen) Beobachtungen und Versuchen, Herstellung eines Exzerpt- und Notizbuches hierüber und Eindringen in die Spezialliteratur. Nach diesem in dem Buche verfolgten Gang, darf man annehmen, hat Spiegel zu seiner Zeit die in Padua studierende Jugend, vor allem wohl die künftigen Ärzte und Apotheker, unterrichtet, und hat dann diesen durch die Herausgabe im Druck einen Leitfaden mitgeben wollen, den er damit zugleich auch anderen Hochschulen und den sich selbst Unterrichtenden zur Verfügung stellte. Es ist ganz erstaunlich, darin zu sehen, wie der auf dem Boden einer damals begreiflicherweise noch stark an der Pflanzenkunde hängenden praktischen Wissenschaft, wie der Medizin, stehende Lehrer zunächst den Kern alles Eindringens in die Pflanzenkunde auf dem Gebiete der Beobachtung in der Natur fand und dadurch in der auch heute nicht genug zu betonenden Weise in die Morphologie einführt, ausdrücklich aber damit auch schon den Ansporn zum Eindringen in Gebiete wie Gartenbau, Obstbau und Landwirtschaft verbindet. Wenn er in dem den „Kräften" der Pflanzen gewidmeten zweiten Buch gewiß auch noch stark an der damals herrschenden Form der alten Kräuterbücher hängt, die der Beschreibung jeder einzelnen Pflanze den üblichen Abschnitt über „Kraft und Wirkung" anhängten, so läßt er doch bereits durchblicken, daß er gerade in dieser Beziehung weit mehr weiß, als die hergebrachte Nutzanwendung der Heilkräuter an Kenntnissen damals ihr Eigen nannte. Es ist in dieser Hinsicht überaus bedauerlich, daß er die in seiner Einführung versprochene gründlichere und gesonderte Behandlung physiologischer Tatsachen in einem späteren Werke nicht mehr hat zur Ausführung bringen können. Im-

Anhang I: Das älteste Lehrbuch. 31

merhin nennt er in seinem Lehrbuch bereits als wichtige Tatsachen auch Dinge wie Ort, Zeit und Art der Entstehung der Pflanzen, Lebensdauer, Blütenentwicklung, Blüten- und Keimdauer und die Fortpflanzungserscheinungen. Im übrigen verlangt er auch in seiner Morphologie bereits weit mehr als andere an Untersuchungen und Kenntnissen, indem er — noch ohne im Besitz eines Mikroskops zu sein — Begriffsbestimmungen gibt über einfache und zusammengesetzte Organe, z. B. über die Blattnerven, denen er neben den leitenden Fähigkeiten auch solche der Festigung genau zuschreibt, indem er vom Inhalt der Leitungsbahnen z. B. auch von den besonderen Säften wie Milchsaft u. ä. ausdrücklich handelt. Manche weitere Einzelheiten lassen seine Gedankenrichtung auf jenes Gebiet hinzielen, das später im Goetheschen Sinne Metamorphose der Pflanze genannt worden ist. Umbildung der Blätter und ihre Funktion unter besonderen örtlichen Verhältnissen, zeitliche Unterschiede im Auftreten, Rückbildungen, Schutzeinrichtungen und viele derartige Tatsachen dürften von Spiegel wohl als erstem gefunden oder wenigstens dargestellt worden sein. Alles aber, was er in dieser Richtung bringt, ist reichlich durch Beispiele belegt und gerade in dieser Richtung erstrecken sich auch seine biologischen Beobachtungen z. B. von Anpassungserscheinungen zur Verbreitung der Pflanzen, sichtlich als Ergebnis seiner botanischen Exkursionen. Und endlich liegen in der stofflich physiologischen Richtung außerordentlich originelle Unterweisungen vor: Entgegen der früher mystischen Anschauung, daß man den Pflanzen und Organen nach ihrer äußeren Form bestimmte Verwendung zuzuschreiben vermöchte, werden nach Spiegel die Säfte oder Exkrete, chemisch untersucht, in Gruppen gesondert, als Gerbstoff, Bitterstoff, Zucker, Riechstoffe usw. und medizinische Versuche über Wirkung der Gifte, unterschiedliche Empfindlichkeit u. dgl., angeregt. Kurzum es ist kein Zweifel, daß in diesem Werke ein Neuerer seiner Zeit, seines Faches und seines Berufes vor uns steht, dessen Wert gebührend hervorgehoben werden muß, wenngleich er durch die nachfolgende und zuletzt unglücklich stark spezialisierte Entwicklung übergangen worden ist. Spiegel stellt als erster die wirtschaftlich-praktische Pflanzenkunde bewußt auf eine rein wissenschaftliche allgemeine Grundlage.

Exkurs II.
Zur Literaturkunde angewandter Botanik.

Die Literatur der Pflanzenkunde war ihrer Natur nach ursprünglich gleichzeitig wissenschaftliches Werk und Volksbuch. Eine Trennung dieser beiden Dinge vollzieht sich erst sehr spät und begreiflicherweise erst dann, wenn der Umfang des wissenschaftlichen Stoffes ein gewisses Maß erreicht und andererseits die Benutzung von pflanzenkundlichen Büchern auch dem Laien Bedürfnis wird. Die alten Kräuterbücher mögen zuerst in der Hand des Gelehrten gewesen, später auch teilweise schon, halb verstanden, Volksbücher geworden sein. Etwa in der Mitte des 17. Jahrhunderts erschienen bewußt auswählend zur Unterhaltung weiterer Kreise bestimmte Werke, beschreibend naturwissenschaftlichen Inhalts, die sowohl allgemein botanische als auch mehr gelegentliche Kenntnis aus der angewandten Botanik verbreiten sollten. Sie stellen eine Entwicklungsreihe vor, die mit einer Unterbrechung in der Zeit stärkeren Aufschwungs der Naturwissenschaften hinüberführt bis zum heutigen zahlreichen, aber sehr ungleichwertigen Schrifttum volkstümlicher Darstellung[1]).

Neben dieser hier nur zu streifenden Entwicklungsreihe geht aber eine andere einher, die gleichfalls infolge der Zunahme des Vorrats wissenschaftlicher Errungenschaften sich gedrängt fühlt zu einer Sonderdarstellung bestimmter Gebiete, unter denen nun die Zweige der wirtschaftlichen

---

[1]) Vgl. hierzu meinen Aufsatz „Wege und Abwege naturwissenschaftlicher Volksbücher" in den „Naturwissenschaften", 17. 3. 1916.

Botanik hervorzutreten beginnen. Das ist zuerst wohl wieder der Fall gewesen für das Gebiet der Heilpflanzen, die auf Grund vertiefter pharmakologischer Kenntnis gesonderte Darstellung unter Bezeichnung wie ,,Pharmakobotanologia" (Miller 1722, Blair 1723) oder auch als ,,Botanica medica" (Gleditsch 1788) gefunden hat Außerdem beginnt sich aber auch ein besonderes Interesse für die gewerbliche Verwertung von Pflanzen, oder wie man heute sagen würde, industrielle Nutzung der Pflanzen als Rohstoffe, schon am Ende des 18. Jahrhunderts einzustellen. Das maßgebliche und durch lange Zeit an Güte nicht wieder erreichte Werk in diesem Sinn ist die ,,Technische Geschichte der Pflanzen, welche bei Handwerken, Künsten und Manufakturen bereits im Gebrauch sind oder noch gebraucht werden können, aufgesetzt von George Rudolph Böhmer" von der Universität Wittenberg (Leipzig 1794 in 2 Bänden). Dieses Buch ist ein außerordentlich wertvolles Werk der wirtschaftlichen Botanik oder pflanzlichen Rohstoffkunde im allgemeinen. Es ordnet die Gegenstände nach der Art ihrer Nutzung, beschränkt sich dabei keineswegs auf die einheimische Flora, sondern berücksichtigt die damals bekannten von auswärts eingeführten Rohstoffe im weitesten Sinn. Das Buch ist auch in der Zusammenstellung der Aufbereitungsverfahren und einzelnen Verwendungsmöglichkeiten, ganz abgesehen von der großen Zahl genannter nutzbarer Pflanzen so vielseitig und inhaltreich, daß es beispielsweise auch während der großen Zeit des Krieges sicher offen oder versteckt als Anreger für so manchen gedient hat, der mit einem einheimischen Ersatzstoff vorübergehend oder dauernd der Not an eingeführten Rohstoffen steuern wollte. Das Buch verdient noch heute seinen Platz in der pflanzlichen Rohstofflehre und wird noch manche Anregung für die verschiedensten Industrien demjenigen zu geben vermögen, der sich der keineswegs schwierigen Lektüre unterzieht. Im übrigen sind in dem Werke auch mancherlei andere Literaturquellen angegeben, die weitere

Vertiefung gestatten. Es ist also keineswegs nur kulturhistorisch zu bewerten, sondern durchaus auch praktisch noch brauchbar. Nach seinen grundlegenden Darstellungen kann es nicht wundernehmen, wenn um die gleiche Zeit auch schon der Versuch gemacht wird, durch Berichte über fremdländischen Rohstoff, seine Herkunft und Erzeugung, eine Art von Unterhaltungsstoff weiterem Publikum zu bieten. So finden sich z. B. im Hirschfeldschen Gartenkalender von 1783 Aufsätze über Zuckerrohr, Teestrauch, Sagobaum. Unter dem Begriff Gewerbskunde als einem Sondergebiet der Pflanzenkunde kam 1828 ein bemerkenswertes Buch von Thon heraus, weiterhin sind dann erst gegen Ende des 19. Jahrhunderts sowohl gute wissenschaftliche als auch allgemeiner verständliche Werke pflanzlicher Rohstofflehre erschienen. Als einen gewissen Abschluß in dieser Richtung kann man Julius v. Wiesners groß angelegtes Werk, ,,die Rohstoffe des Pflanzenreichs", ansehen[1]). Werke dieses Umfanges werden trotz der Mitarbeit zahlreicher Spezialisten oder gerade durch diese allmählich im Inhalt ungleichwertig werden und für den Wissenschaftler den Hauptzweck in der reichen Literaturangabe bieten. Sie stehen aber, wie Wiesners Darstellung es wohl zuerst versucht hat, auf dem Boden der heute auch für die pflanzliche Systematik anerkannten Anschauung, daß stoffliche Merkmale, wie sie vielleicht in der Darbietung eines bestimmten Rohstoffes zum deutlichen Ausdruck kommen, gewissen Pflanzengruppen zugeschrieben werden müssen und beginnen daher immer klarer auch die verwandtschaftlichen Beziehungen der gleichen Rohstoff bietenden Pflanzen herauszustellen, ja sie suchen auf diesem Wege, mehr oder weniger bewußt, weitere Anregung zur Auffindung neuer Rohstoffquellen zu geben. Bedauerlich ist an der umfangreichen heutigen Literatur solcher Gebiete nur das, daß bei dem Eifer, neue, zum Teil durch die Tagespresse von heute

---

[1]) Zuerst 1873 in einem Bande erschienen, 3. Auflage in 3 Bänden (von 1914—21), 4. Auflage in Vorbereitung.

36 Anhang II: Zur Literaturkunde angewandter Botanik.

verbreitete Errungenschaften auf dem Gebiete der Rohstofflehre zu sammeln und weiterzugeben, oft die nötige Kritik oder Kenntnis der wirklichen Benutzbarkeit fehlt [1]). Die Zahl der Nutzpflanzen für einzelne Stoffe geht natürlich oft genug in die Tausende, entscheidend für die wirkliche Benutzbarkeit sind aber außerhalb der Naturwissenschaft liegende Gesichtspunkte, nämlich solche wirtschaftlicher Art. Diese sprechen oft schon kurze Zeit nach dem Aufkommen eines neuen Rohstoffes ein vernichtendes Urteil (können sich allerdings im Laufe der Zeit auch ändern!), es sollte auf jeden Fall eine Bewertung, so wie die gegenwärtige Lage der Industrie und Technik sie im einzelnen Falle ausspricht, bei der Aufführung der Stoffe nicht unterdrückt werden. Geschieht das nicht, so ist die Folge ein verfehlter Unterricht durch das Werk oder den für Vorlesungen daraus schöpfenden Lehrer und weiterhin eine falsche Anschauung bei den mit dem Lehrstoff ausgerüsteten Praktikern. Für die Aufnahme einer Bewertung ist eben in den meisten Fällen **neben der naturwissenschaftlichen Kenntnis auch der Einblick in die den Stoff benutzende Technik oder Industrie von nöten**. Und nur wer über diesen verfügt, kann berechtigt sein, Rohstofflehre auch dem künftigen Praktiker zu bieten.

Hinzuzufügen wäre noch diesem Zusammenhang, daß der **Begriff der angewandten Botanik zum erstenmal im Titel eines Handbuches vorliegt bei dem Werke des Freiburger Professors F. C. L. Spenner**[2]). Der Gegenstand dieses Werkes ist im wesentlichen eine systematische Darstellung mit Angaben über Gebrauch, ein Verzeichnis nach Gebrauchsgruppen und ein Bestimmungsschlüssel. Die meisten Werke der Übergangszeit beschränken sich auf Ähnliches.

---

[1]) Vgl. das oben erwähnte Beispiel der „Kautschukmisteln" (Anm. 1 S. 9).

[2]) „Handbuch der angewandten Botanik oder praktische Anleitung zur Kenntnis medizinisch, technisch und ökonomisch gebräuchlicher Gewächse Teutschlands und der Schweiz" (3 Bände, Freiburg 1834—36).

Eine besondere „Forstbotanik" erschien von Barkhausen 1800.

Wenn man aus dem Beginn der neueren Zeit einen Beweis dafür sehen wollte, als wie notwendig gegenüber äußerer Beschreibung und dem Zusammentragen allgemeiner Angaben über Nutzpflanzen und Rohstoffe zunächst die Kenntnis der fortgeschrittenen Pflanzenanatomie angesehen worden ist, so wäre als ein Markstein der literarischen Entwicklung das Erscheinen von A.Tschirchs „Angewandter Pflanzenanatomie" zu sehen (Bd. I 1888), ein großzügig angelegtes und überaus wertvolles Werk, bei dem es noch heute zu bedauern bleibt, daß es nicht zum weiteren Abschluß gelangte. In gesonderter Richtung und ausgesprochen aus dem Bedürfnis der Praxis heraus hat sich die angewandte Anatomie späterhin in den bekannten Lehrbüchern der Pharmakognosie (Möller, Karsten, Gilg) entwickelt, denen sich als letzte Stufe, wiederum entsprechend neu aufgetretenem Bedürfnis die besondere, Darstellung der mikroskopischen Untersuchung von Drogenpulvern (Benecke u. a.) anschließt.

Zugleich brachte es die Entwicklung mit sich, daß auch Sondergebiete aus der botanischen Rohstofflehre mit Zunahme des Stoffes ihre eigene Behandlung eruhren, schon Wiesner hat zunächst im wesentlichen Faserstoffe und Papierrohstoffe gesondert und selbständig untersucht. Und seine Ergebnisse in einzelnen Arbeiten geringen Umfangs und in Zusammenfassungen niedergelegt [1]). Gerade für diesen Sondergegenstand ist dann das Material in Einzeluntersuchungen und meist in Zeitschriften, wenn auch durchaus ungleichwertig, so angeschwollen, daß eine gesonderte und praktische Darstellung immer schwieriger geworden ist und eigentlich nur in Wiesners oben erwähnten „Rohstoffen" selbst sich einigermaßen findet. Was die Praxis an besonderen Anweisungen etwa dieses Gebietes zu geben sich vornahm, beschränkt sich in weitaus den meisten Fällen auf eine dürftige Entnahme

---

[1]) Z. B. „Mikroskopische Untersuchung des Papiers", 1887.

aus Wiesners Werk, bei der oft genug die mangelnde eigene Kenntnis der Verfasser zu Ungeschicklichkeiten und Irrtümern Anlaß gegeben hat. Gesondert von diesen literarischen Absichten ist es in einem Teil als nützlich anzusehen, wenn bei dem Umfang gerade dieses Stoffes lediglich die lexikonartige Aufführung mit Angabe von Verbreitung und Verwendung, also eine rein wirtschaftliche Darstellung versucht wird, wie sie zunächst in dem berühmten Werk von Dodge[1]) vorgelegt worden ist und neuerdings die verbesserte, heute beste Bearbeitung durch E. Schilling („Faserstoffe des Pflanzenreichs", 1924) erfahren hat. — Als ein ähnliches Gebiet gesonderter Darstellung von großer Bedeutung mit besonderem Hinweis auf eine Gruppe von Praktikern kann der Kautschuk in seiner botanischen Darstellung und ihrer praktischen Anwendung angesehen werden. Gerade für diesen Gegenstand, von dessen Besonderheiten und wissenschaftlicher Entwicklung oben die Rede war (vgl. S. 8ff.), ist der Verlauf der literarischen Entwicklung sehr typisch. Schriften der früheren Zeit, z. B. O. Warburg[2]) oder P. Reintgen (1905) beschränken sich bei der Fülle der bekannten und zum Teil noch nicht genügend erprobten Kautschukpflanzen auf ihre Aufführung, mehr oder weniger ergiebige Beschreibung, geographische Verbreitung und allenfalls Angaben über Kultur. Erst einer weiteren, oben angedeuteten Entwicklung blieb es vorbehalten, die rein botanischen Unterlagen des Gegenstandes zu verbessern. Und diese Entwicklung gipfelt etwa in der vom unterrichtlichen Standpunkt für Wissenschaft und Praxis bei der Art des Stoffes sehr empfehlenswerten Darstellung einer Kautschukpflanze, wie sie A. Zimmermann[3]) gegeben hat, ein Werk, in dem die Notwendigkeit der botanischen Grundlage und ihr erheblicher Nutzen für die Praxis von Kultur, Gewinnung

---

[1]) „Catalogue of the Useful Fibre Plants of the World", 1897.
[2]) „Die Kautschukpflanzen", 1900.
[3]) „Der Manihotkautschuk", 1913.

und Präparation deutlich ins Auge springen. Wie diese Andeutung des Inhalts zeigt, ist hier auch durchaus hinreichend die wirtschaftliche Seite berücksichtigt. Wie sehr viel weniger für die Sache dabei herauskommt, wenn diese Frage berücksichtigt wird, ohne daß gleichzeitig auch die allgemeine botanische Seite zur Darstellung gelangt, zeigt eine Arbeit wie die von E. Ule[1]), in der zwar Systematik und Geographie gewisser Kautschukpflanzen Förderung erfahren, aber der vorher erwähnte Einschlag leider vermißt wird.

In anderen Fällen ist in der Tat nicht fruchtlos von z. T. weit gereisten Botanikern mit Interesse für Rohstoffkunde und Nutzpflanzen auch der Versuch gemacht worden, wirtschaftliche Darstellung zugleich weiteren Kreisen mit wissenschaftlicher Grundlage auch aus der allgemeinen Botanik, aber weniger dabei aus dem Gebiet eigentlicher Anatomie und Physiologie, zugänglich zu machen, wofür Musterbeispiele etwa Werke, wie die von Tschirch[2]), ferner Sadebeck[3]), O. Warburg und v. Someren-Brand[4]) und nun mit breiterer rohstofflicher Grundlage neuerdings auch F. W. Neger[5]) sein können.

---

[1]) „Kautschukgewinnung und Kautschukhandel in Bahia", Notizblatt des Botanischen Gartens, Berlin 1908.
[2]) „Indische Heil- und Nutzpflanzen", 1892.
[3]) „Kulturgewächse der deutschen Kolonien", 1899.
[4]) „Nutzpflanzen im Welthandel", 1908.
[5]) „Grundriß der botanischen Rohstofflehre", 1922.

Exkurs III.
Ausbildung und Unterricht in angewandter Botanik.

Ich ergreife hier die Gelegenheit, um klarzulegen, worauf nach meinem Ermessen bei der Ausbildung der heute in angewandter Botanik später Beschäftigten der Hauptwert zu legen ist, und welchen Gang etwa ihre Entwicklung zu nehmen hat. Es ist, insbesondere von Technischen Hochschulen, anerkannt, daß der Chemiker, der in die Praxis hinausgehen will, Nutzen von der Kenntnis der botanischen Rohstofflehre hat. Sein Ziel soll dabei nicht allein der Einblick in die vorhandenen und gebräuchlichen Rohstoffe, ihre Eigenschaften nach Herkunft und Gewinnung sein, sondern er soll soviel allgemeinen Einblick erwerben, daß er auch neuartige Rohstoffe oder ihre Veränderung im Gange ihres Auftretens in Handel oder Industrie zu beurteilen vermag. Er wird zunächst mit den grundlegenden Kenntnissen der allgemeinen Botanik und vor allem der pflanzlichen Physiologie in dem Sinne vertraut gemacht, wie ich es oben ausführte. Er lernt gleichzeitig auch von der Geschichte und dem Aufbau der heutigen Pflanzenwelt so viel, daß er die Verbreitung gewisser pflanzlicher Stoffe oder als Rohstoffe gehender Organe innerhalb der Pflanzengruppen und der Verbreitungsgebiete der Pflanzenwelt nach Klima und Lage verstehen lernt. Gleichzeitig erwirbt er nach altem, wohl begründetem Gebrauch gerade in der in dieser Richtung stets vorangegangenen Botanik die praktische Kenntnis des Mikroskopierens, die ihm zur Untersuchung pflanzlicher Rohstoffe oft genug un-

Anhang III: Ausbildung und Unterricht in angewandter Botanik.

entbehrlich ist, ihn zugleich in die ihm naheliegende und sein besonderes Fachwissen ergänzende Mikrochemie einführt und allgemein mit einem auch in der Chemie selbst gebrauchten neuzeitlichen Instrument bekannt macht. Erst mit diesen Grundkenntnissen ausgestattet, wird er einer von praktischem Standpunkt aus gebotenen pflanzlichen Rohstofflehre, Warenkunde oder Technologie den höchsten Gewinn entnehmen können. Von hier aus findet er dann je nach besonderen Neigungen oder, falls möglich, zu späterer Spezialisierung den Anstoß, sich mit besonderen Darbietungen von Einzelgebieten der pflanzlichen Rohstofflehre zu beschäftigen. Der künftige Textilchemiker (und auch der Textilingenieur) wird sich dabei z. B. in zwei Richtungen ausbilden müssen: Erstens die besonderen Textilrohstoffe nach Herkunft, Handelsgeschichte, Unterscheidung und Verwendung, soweit sie aus der Natur des Rohstoffes abzuleiten ist, zweitens die in großem Maßstab mikrobiologischen Vorgänge, die im Rahmen der Aufbereitung sich abspielen. Gerade diese letzteren können durchaus nur mit allgemein botanischer Grundlage geboten und erfaßt werden, setzen sie doch die Kenntnis der großen Stoffwechselvorgänge bestimmter Gruppen von Mikroorganismen ihres Lebens und ihrer Verbreitung voraus und lassen sie sich doch voll erschöpfen nur an der Hand einer auf Mikrochemie gestützten Zellenlehre[1]). — In ähnlicher Weise wird etwa ein Papierchemiker sich einzustellen haben, nachdem er sich die allgemeinen Grundlagen erworben hat. Die Durchdringung seines Sondergebietes wird ihm nur möglich durch erschöpfende anatomische Kenntnis, durch ausgedehntes Eindringen in die darauf gestützte Systematik der Hölzer und Fasern. Und wer als Chemiker in ein Gärungsgewerbe geht, bedarf besonders weitgehender mikro-biologischer Kenntnis,

---

[1]) Vgl. z. B. Ruschmann, G.: „Grundlagen der Röste", Leipzig 1923, und vielfache Anregungen von mir und anderen in „Faserforschung, Zeitschrift für Wissenschaft und Technik der Faserpflanzen und der Bastfaserindustrie", Leipzig: S. Hirzel.

die keinesfalls von sich aus, sondern nur von der allgemeinsten physiologisch-botanischen Grundlage aus erworben werden kann. — Der Nahrungsmittel-Chemiker glaubt in vielen Fällen, selbst wenn er am Beginn seines chemischen Studiums botanische Kenntnisse erworben und nachgewiesen hat, später nur noch der Sonderausbildung im mikroskopischen Untersuchen von Nahrungsmitteln pflanzlicher Herkunft zu bedürfen. Verfügt er, wie meist der Fall, beim späten Beginn seiner Sonderausbildung oder bei seiner Zuwendung zur Nahrungsmittelchemie als künftigem Berufe nicht mehr über die grundlegenden Kenntnisse, so wird er vielleicht notdürftig in der Lage sein, durch Vergleich seiner, mangels Technik meist kümmerlichen mikroskopischen Bilder und Befunde mit den ausgiebigen Abbildungen von Spezialwerken einigen diagnostischen Anhalt zu gewinnen, aber er wird unendlich viel leichter und sicherer in den einfacheren Fällen seiner Praxis arbeiten und in verwickelteren allein zu einem Ergebnis kommen können, wenn er die grundlegenden Tatsachen der Zellenlehre, der pflanzlichen Anatomie und Mikrochemie samt mikroskopischer Technik wirklich beherrscht, ja er wird auf solchem Boden fast schneller zum Ziele kommen, als wenn er mühsam einer Sonderunterweisung in mikroskopischer Untersuchung pflanzlicher Nahrungsmittel gefolgt ist Eine solche vermag ihn ohne die angegebenen Grundkenntnisse jedenfalls niemals vor völligem Versagen in seiner Praxis zu schützen. Hier sei bemerkt, daß der aus dem pharmazeutischen Studium hervorgehende Nahrungsmittelchemiker in den meisten Fällen sich in günstigerer Lage befindet als der aus der Chemie selbst hervorgehende, weil ihm eine tiefergehende und sich bis ans Ende seines pharmazeutischen Studiums erstreckende botanische Ausbildung zuteil wird. — Wie der **Pflanzenpathologe oder der in der Pflanzenschutzmittel-Industrie arbeitende Chemiker** sich einzustellen hat, ergibt sich ohne weiteres zum Teil auch schon aus dem vorn Erörterten über die Grundlagen der Pflanzenpathologie

Anhang III: Ausbildung und Unterricht in angewandter Botanik. 43

selbst (vgl. S. 17). — Daß der Pharmazeut gründlicher botanischer Ausbildung nicht entraten kann, hat sich im Laufe der letzten Jahrzehnte am meisten dann gezeigt, wenn bei einer bekanntermaßen gewissen Schwankungen unterworfenen Verarbeitung zerkleinerter Drogen die Notwendigkeit schärfster Untersuchung ihn vor Aufgaben stellte, die weitgehender botanischer Kenntnisse bedurften. — Zuletzt sei aber in diesem Zusammenhang noch darauf verwiesen, daß entgegen manchen Bestrebungen auch der heutige Mediziner nicht nur um seiner erwünschten hohen wissenschaftlichen Einstellung willen, sondern auch aus praktischen Gründen doch grundlegender, allgemein botanischer Kenntnisse nicht entraten kann, und zwar der allgemein botanischen weniger, als etwa früher der besonderen in der Kenntnis der Heilkräuter. Hat er doch heutzutage, ganz abgesehen von einem Sondergebiete wie der letzten Endes in den Rahmen der Botanik gehörigen Bakteriologie, die Notwendigkeit erkannt, sich biochemisch und allgemein physiologisch auszurüsten, um Krankheitsbilder verstehen und Heilwege finden zu können. Der beste Beweis für die Richtigkeit solcher Annahmen ist das tatsächlich bei Medizinern vorhandene Interesse an botanischer Physiologie, Biochemie und neuerdings auch Pathologie, wobei Vergleiche zu ziehen und im Pflanzenreich vielleicht einfachere Vorgänge zur Klärung nutzen zu können mehr und mehr deutlichen Vorteil bringt. Daß im übrigen auch der Mediziner Grund hätte, die Kunst des Mikroskopierens als Anfänger am botanischen Objekt zu lernen, entspricht freilich im großen und ganzen nicht den gegenwärtigen Gepflogenheiten, doch hat noch jeder, der diesen Weg einschlug, gleiche Bereicherung davon getragen, wie etwa der, der auch der pflanzlichen Physiologie im Laufe des Studiums sich praktisch zuwandte. Gerade ein neues Gebiet, wie das der Immunitätslehre, wird von botanisch gebildeten Medizinern auch an Pflanzen besonders gefördert und dürfte von dieser Stelle wiederum der medizinischen Wissenschaft weitere Vertiefung bringen[1]). Einen bedeutsamen Schritt für den Unterricht in diesem Gebiet hat E. Küsters „Lehrbuch der Botanik für Mediziner" getan (1920), das tatsächlich jedem „angewandten" Botaniker viel Ursprüngliches und Besonderes bietet.

---

[1]) Vgl. die neueren Arbeiten über Immunität bei Pflanzen von D. Carbone u. a.

MIX
Papier aus verantwortungsvollen Quellen
Paper from responsible sources
FSC® C105338

If you have any concerns about our products,
you can contact us on
ProductSafety@springernature.com

In case Publisher is established outside the EU,
the EU authorized representative is:
**Springer Nature Customer Service Center GmbH
Europaplatz 3, 69115 Heidelberg, Germany**

Printed by Libri Plureos GmbH
in Hamburg, Germany